上海市住房和城乡建设管理委员会

上海市绿化市容工程养护维修预算定额

第四册 古树名木和古树后续资源复壮保护

SH A2—41(04)—2024

同济大学出版社

2024 上 海

图书在版编目(CIP)数据

上海市绿化市容工程养护维修预算定额. 第四册，古树名木和古树后续资源复壮保护：SH A2-41(04)-2024 / 上海市建筑建材业市场管理总站，上海市绿化管理指导站主编. --上海：同济大学出版社，2024.10. -- ISBN 978-7-5765-1363-9

Ⅰ. TU986.3

中国国家版本馆 CIP 数据核字第 20243DL561 号

上海市绿化市容工程养护维修预算定额　第四册　古树名木和古树后续资源复壮保护
SH A2—41(04)—2024

上海市建筑建材业市场管理总站
上海市绿化管理指导站　主编

责任编辑 朱　勇　**责任校对** 徐春莲　**封面设计** 陈益平

出版发行　同济大学出版社　　www.tongjipress.com.cn
（地址：上海市四平路 1239 号　邮编：200092　电话：021-65985622）
经　　销　全国各地新华书店
印　　刷　苏州市古得堡数码印刷有限公司
开　　本　890mm×1240mm　1/16
印　　张　3.75
字　　数　110 000
版　　次　2024 年 10 月第 1 版
印　　次　2024 年 10 月第 1 次印刷
书　　号　ISBN 978-7-5765-1363-9

定　　价　50.00 元

上海市绿化市容工程养护维修预算定额
第四册　古树名木和古树后续资源复壮保护

SH A2—41(04)—2024

主 编 单 位：上海市建筑建材业市场管理总站
上海市绿化管理指导站

参 编 单 位：浦东新区绿化管理事务中心
嘉定区园林绿化管理所
徐汇区绿化管理中心
上海浦林城建工程有限公司
上海绿行绿化养护有限公司
上海绿邦绿化工程有限公司

编 制 人 员：乐笑玮　田洁莹　邹贶林　刘照临　奉树成　陈志华
朱春玲　蒋宏彦　王延洋　龚　宁　邓天赐　邵慧丰
汤珧华　邹福生　徐佩贤　黄祯强　徐　蓉　范玉盈
陈敏杰　周　颖　朱海青　倪先晴　何晓雯　李小双
韩伊沁

审 查 专 家：李　莉　潘建萍　王黛虎　沈剑华　刘　匀　王　瑛

上海市住房和城乡建设管理委员会文件

沪建标定〔2024〕393 号

上海市住房和城乡建设管理委员会关于批准发布《上海市绿化市容工程养护维修预算定额　第四册　古树名木和古树后续资源复壮保护(SH A2—41(04)—2024)》的通知

各有关单位：

为进一步完善本市建设工程计价依据，满足本市古树名木和古树后续资源复壮保护养护维修工程的计价需求，根据市住房城乡建设管理委《2019 年度上海市工程建设及城市基础设施养护维修定额编制计划》(沪建标定〔2018〕488 号)及《上海市建设工程定额体系表(2020 版)》(沪建标定〔2020〕794 号)，由上海市绿化管理指导站组织编制的《上海市绿化市容工程养护维修预算定额　第四册　古树名木和古树后续资源复壮保护(SH A2—41(04)—2024)》已完成编写并通过专家评审，现予以批准发布，自 2024 年 10 月 1 日起实施。

本次发布的定额由市住房城乡建设管理委负责管理，由市建筑建材业市场管理总站负责组织实施和解释。

特此通知。

上海市住房和城乡建设管理委员会

2024 年 8 月 1 日

总 说 明

一、《上海市绿化市容工程养护维修预算定额　第四册　古树名木和古树后续资源复壮保护》(以下简称“本定额”)是依据相关古树、名木和古树后续资源复壮保护技术标准,并结合近5年来古树、名木和古树后续资源复壮保护工程的实施情况,按量价分离原则进行编制的。

二、适用范围

本定额适用于本市行政区域范围内古树、名木和古树后续资源的复壮技措工程以及保护设施工程。

三、定额作用

(一)是统一本市古树、名木和古树后续资源复壮工程造价文件编制时项目划分、工程量计算的参考依据。

(二)是编制本市古树、名木和古树后续资源复壮专项经费预算的参考依据,也是编制本市古树、名木和古树后续资源复壮工程估算指标的基础。

四、编制原则

本定额遵循量价分离、简明适用、协调统一的原则,满足本市古树、名木和古树后续资源复壮工程计价需要。

五、本定额是依据国家及本市相关标准、定额等编制的,并参考了本市典型古树、名木和古树后续资源复壮保护工程设计与实际施工的调查资料。

六、本定额是以正常施工条件下,常用的古树、名木和古树后续资源复壮工艺和保护设施施工工艺,合格的材料、苗木、成品、半成品为基础进行编制的。

七、定额编码

本定额子目编码设置分四节,其中第一节为专业编码,古树、名木和古树后续资源复壮保护工程为31。第二、三、四节编码分别代表章、节、目,按顺序排列。

八、人工、材料、机械消耗量的确定

(一)人工消耗量确定

1. 本定额中人工以不同技术工种名称表示。人工消耗量已包含主要工种和其他工种的数量之和。

2. 本定额中人工消耗量中已包含基本用工、辅助用工和人工幅度差。

3. 本定额中每工日按8小时工作制计算。

(二)材料消耗量确定

1. 本定额中绿化种植子目仅列辅助材料,未列入苗木主要材料,苗木材料费用另行计算。

2. 本定额中材料包括施工中消耗的主要材料、辅助材料、周转材料和其他材料;用量少、低值易耗的零星材料列入其他材料费,以该子目材料费之和的百分比表示。

3. 本定额子目中的材料消耗量包括净用量和损耗率。损耗量已包括施工现场堆放、运输和操作损耗。

4. 本定额中的周转材料(脚手架、木模板等),均按规定的摊销量编制。

5. 本定额的材料场内运输取定如下:

① 水平运输:包括自施工单位现场指定堆放点至安装地点的水平运输距离。

② 垂直运输:本定额工程内容不涉及垂直运输,如确实发生,可根据实际计算。

③ 苗木运输:包括至苗木栽植穴50 m以内的水平运输距离。

6. 由于古树、名木或古树后续资源所在位置特殊导致运输车辆无法靠近的,可套用本定额人工短驳子目,另行计算场外运输费用。

7. 本定额中混凝土按预拌混凝土考虑,砂浆按预拌砂浆考虑。

（三）机械消耗量取定

1. 本定额中所列机械名称、消耗量是在正常施工条件下，选用施工常规机械为主，零星辅助机械已归并至主要机械消耗量中，不再增加。

2. 凡单位价值 2000 元以下、使用年限在 1 年以内的不构成固定资产的施工机械，不列入机械台班消耗量，作为工具用具在企业管理费中考虑。

3. 本定额中机械的进出场费用按实际情况计算。

九、定额子目应用

（一）本定额工作内容中已列明了主要施工工序，次要工序虽未说明，但均已包括在定额子目中。

（二）本定额缺项的可套用本市其他专业相近的定额子目。

十、其他说明

（一）本定额所称古树是指树龄在 100 年以上的树木。所称名木是指下列树木：树种珍贵、稀有的；具有重要历史价值或纪念意义的；具有重要科研价值的。所称古树后续资源是指树龄在 80 年以上 100 年以下的树木。

（二）本定额凡注明“×××以内”或“×××以下”者，均包括×××本身；凡注明“×××以外”或“×××以上”者，均不包括×××本身。

（三）凡本说明未尽事宜，详见各章说明和附录。

目　录

第一章　复壮技措工程

说　明

一、适用范围

本章定额内容适用于古树、名木及古树后续资源本身及其保护区范围内的复壮技措。

其中古树、名木的保护区是指不小于古树、名木树冠垂直投影外 5 m 的区域范围；古树后续资源的保护区是指不小于古树后续资源树冠垂直投影外 2 m 的区域范围。

二、子目说明

1. 挖残根，适用于废弃苗木的起挖和清除。其定额子目中已包含装卸车、本市范围内的运输、外运清理等费用。

2. 起挖苗木的工作内容包括起挖至外运，未包括再次栽植的费用。

3. 清除杂草、杂物，人工挖土等子目深度一般在 2 m 以内，且为干土，如遇湿土，人工乘以系数 1.13。

4. 人工挖干土、回填土、人力车运土、松土子目，系指在古树、名木及古树后续资源土壤改良施工过程中发生的工程内容。其中，松土厚度在 40 cm 以内。

5. 菌根菌，依据单株古树使用 20 L 菌根菌编制。不同树种和树木规格均按此子目实行。

6. 回填土、复壮沟中的改良介质土应按照复壮要求不同进行配置、组价。

7. 对树高在 7 m 以下的古树采取全冠修剪，在修剪过程中可以使用门式脚手架。

8. 对树高在 7 m 以上的古树采取全冠修剪，可使用登高车修剪与脚手架修剪两种方式，两种方式的人工计算量不同，材料计算量相同。使用登高车的机械台班应按实际计算，使用脚手架修剪还应另外计算脚手架的子目。

9. 全冠修剪时，应根据不同树木生长势乘以不同生长势系数。其中生长势良好的树木乘以系数 0.05，生长势一般的乘以系数 0.1，生长势衰弱濒危的乘以系数 0.2，抢救性全冠修剪乘以系数 0.4。

10. 刨面指尚未侵染到木质部，仍处于韧皮部的腐烂或损失。刨面处理厚度一般在 3 cm 之内。刨面厚度超过 3 cm 以上的，按树洞处理。

11. 单独进行刨面或树洞处理时，如需使用脚手架或升降机械，可根据实际使用情况另行计算。

12. 特殊病虫害防治子目中的药剂均以原液计算，稀释的水量，以实际发生另计。打药机的零件损耗放在台班单价中作调整。

13. 银杏超小卷叶蛾防治，依据每株喷药 3 次/年编制，如年防治次数增加，可进行换算。

14. 桂花溃疡病防治，依据本市古桂花平均冠径 7 m、防治药剂浓度 1000 倍液编制，冠径不同不予换算。

15. 白蚁防治，包括安装白蚁饵站和 1 年内的饵站巡视。饵料更换按 1 年更换 6 次计，其中 5—9 月每月换饵料 1 次，剩余月份共换饵料 1 次。

16. 遮阴仅包括铺设遮阴布的工作，未包括棚架搭建及拆除的工作内容。

17. 喷雾设施仅包含喷雾装置的安装和拆除，未包括安装喷雾设施所需棚架的搭建和拆除，棚架搭建和拆除可根据施工设计图的样式和材料另行计算。

18. 植物栽植中带土球灌木的土球直径均为 20 cm 以内。

19. 覆盖物中树皮铺设厚度为 5 cm，若定额子目中的覆盖物厚度与设计不一致，材料可换算。换算规定如下：厚度增加 1 cm，树皮增加 0.0034 m^3。

工程量计算规则

1. 挖残根无论大小均按株计算。

2. 起挖灌木、直生竹按株计算，起挖丛生竹按丛计算。

3. 清除杂草，起挖地被植物、草皮按设计图示尺寸以面积计算。

4. 菌根菌按株计算，不考虑树的高度、蓬径等因素。

5. 引根、施肥按开挖面积计算，深度均在 30 cm 以内。

6. 复壮沟按设计需要更换的土方体积计算。

7. 全冠修剪，按需修剪的树冠体积乘以生长势系数计算。其中树冠体积以树冠的东西、南北向直径为长宽，以树高为高按立方体计算。

8. 朝天洞、落地洞按洞的长、宽、高的最大值以立方体体积计算。

9. 创面处理，按创面的长、宽以矩形面积计算。

10. 银杏超小卷叶蛾防治，按每株每年计算，不考虑树的高度、蓬径等因素。

11. 桂花溃疡病，按每株每次计算。

12. 白蚁防治，按白蚁饵站安装数量以个计算。

13. 遮阴，按遮阴布在棚架上的实际铺设面积计算。

14. 喷雾设施，按管线长度计算。当管线长度超过 10 m 时，每 5 m 增加 1 个喷头。

15. 植物栽植中地被植物(片植)按设计图以面积计算，灌木栽植按种植株数计算。

16. 覆盖物中陶粒按设计图铺设面积乘以铺设厚度计算。树皮按设计图铺设面积计算。

第一节　土壤改良

工作内容： 挖树根、截断、理异物、装车、外运等全部操作过程。

定　额　编　号				31-1-1-1	31-1-1-2	31-1-1-3	31-1-1-4
项　　目			单位	挖残根			
				地径 20 cm	地径 30 cm	地径 40 cm	地径 50 cm
				株	株	株	株
人工	00090113	种植工	工日	0.3383	0.4125	0.6875	0.7508
		人工小计	工日	0.3383	0.4125	0.6875	0.7508
材料	02330101	草绳	kg	0.2000			
机械	32571101	油锯(内燃机)	台班		0.0425	0.0455	0.0475
	99070490	载重汽车 2 t	台班	0.0115	0.0115	0.0115	0.0115

工作内容： 起挖、包扎、出穴、搬运集中、外运等全部操作过程。

定额编号				31-1-1-5	31-1-1-6	31-1-1-7	31-1-1-8	31-1-1-9
项目			单位	起挖苗木				
				灌木	直生竹	丛生竹	地被植物	草皮
				株	株	丛	m^2	m^2
人工	00090113	种植工	工日	0.0956	0.2956	0.2956	0.0464	0.0693
		人工小计	工日	0.0956	0.2956	0.2956	0.0464	0.0693
材料	02330101	草绳	kg	2.0000	1.1000	1.1000	1.5000	1.6500
机械	99070550	载重汽车 8 t	台班	0.0055	0.0115	0.0194	0.0194	0.0115

工作内容： 1. 清除杂草、逐层清理土壤异物、装筐、外运等全部操作过程。
2. 挖土、抛土或装筐、修整底边、外运等全部操作过程。
3. 取土、混合、铺平、回填营养土、装运等全部操作过程。

定额编号				31-1-1-10	31-1-1-11	31-1-1-12
项目			单位	清除杂草、杂物	挖填土	
					人工挖干土	回填土
				m^2	m^3	m^3
人工	00090113	种植工	工日	0.0256	0.2813	0.2500
		人工小计	工日	0.0256	0.2813	0.2500
材料	02310601	编织袋	个		6.0000	
	32510211	改良介质土	m^3			1.0000
机械	99070490	载重汽车 2 t	台班	0.0766	0.1500	0.1500

工作内容：1. 装、卸、运及堆放等全部操作过程。
2. 松翻、平整等全部操作过程。

<table>
<tr><td colspan="4">定　额　编　号</td><td>31-1-1-13</td><td>31-1-1-14</td></tr>
<tr><td colspan="3" rowspan="3">项　　目</td><td rowspan="3">单位</td><td>挖填土</td><td rowspan="2">松土</td></tr>
<tr><td>人力车运土</td></tr>
<tr><td>m^3</td><td>m^3</td></tr>
<tr><td rowspan="2">人工</td><td>00090113</td><td>种植工</td><td>工日</td><td>0.1553</td><td>0.0250</td></tr>
<tr><td></td><td>人工小计</td><td>工日</td><td>0.1553</td><td>0.0250</td></tr>
</table>

第二节　根系复壮

工作内容： 1. 施撒菌种、回土、平整、装运等全部操作过程。
2. 铺设复壮基质、放置透气管、回填、平整、装运等全部操作过程。
3. 寻根、修剪根系、消毒、喷生根液、覆土等全部操作过程。
4. 挖穴(沟)、施肥、回土等全部操作过程。
5. 打孔、放置营养剂、回土等全部操作过程。

定额编号				31-1-2-1	31-1-2-2	31-1-2-3	31-1-2-4	31-1-2-5
项目			单位	菌根菌	复壮沟	引根	施肥	
							穴(沟)施	深根施肥
				株	m^3	m^2	m^2	m^2
人工	00090113	种植工	工日	0.3840	0.2200	0.3840	0.1200	0.1375
		人工小计	工日	0.3840	0.2200	0.3840	0.1200	0.1375
材料	17250131	硬聚氯乙烯管(PVC-U)	m		1.2360			
	32490331	有机肥料	kg				1.6000	1.6000
	32490519	菌根菌	L	20.0000				
	32490551	药剂	kg			0.0202		
	32510211	改良介质土	m^3		0.8300			
		其他材料费	%	1.0000	3.0000	1.0000	1.0000	1.0000
机械	99070490	载重汽车 2 t	台班	0.2400	0.1500			
	99310080	深根施肥机	台班					0.0719

第三节　树体治疗

工作内容： 枝条修剪、疏枝、去除病枯枝、涂抹伤口、防腐、清理、装运等全部操作过程。

定额编号				31-1-3-1	31-1-3-2	31-1-3-3
项目			单位	全冠修剪		
				7 m 以下	7 m 以上	
					登高车	脚手架
				m^3	m^3	m^3
人工	00090111	其他工	工日	0.0666	0.0484	0.2364
	00090113	种植工	工日	0.0834	0.0381	0.3360
	00090115	养护工	工日	0.0087	0.0197	0.2282
		人工小计	工日	0.1587	0.1062	0.8006
材料	32490520	伤口涂补剂	L	0.0170	0.2084	0.2084
	32490522	消毒剂	kg	0.0213	0.2206	0.2206
		其他材料费	%	3.0000	3.0000	3.0000
机械	32571101	油锯(内燃机)	台班		0.0121	0.0121
	99070490	载重汽车 2 t	台班	0.0304	0.2261	0.2261
	99091830	平台作业升降车	台班	0.0043		
	99091910	汽车式高空作业车 21 m	台班		0.0071	
	99230275	电动打磨机	台班		0.0336	0.0336

工作内容：1. 清腐、除虫、打磨、消毒、涂抹防腐剂、打孔引流、制作罩面及安装等全部操作过程。
2. 清腐、除虫、打磨、消毒、涂抹防腐剂、制作防护网及安装等全部操作过程。

定额编号				31-1-3-4	31-1-3-5
项目			单位	树洞处理	
				朝天洞(夹缝洞)	落地洞(侧洞、通干洞)
				m^3	m^3
人工	00090111	其他工	工日	5.4375	13.2460
	00090113	种植工	工日		0.1386
	00090115	养护工	工日	5.0000	0.2159
	00090118	植保工	工日	0.5600	
		人工小计	工日	10.9775	13.6005
材料	01290937	不锈钢板 δ0.8	m^2	0.2625	
	01430152	铝板材 δ1	m^2	0.1312	
	04030113	黄砂中砂	kg		61.0099
	14010301	桐油	kg	7.7825	7.7825
	04010112	水泥 42.5 级	t		0.0367
	04050215	碎石 5～25	t		0.1019
	32490520	伤口涂补剂	L	2.6819	2.4747
	32490522	消毒剂	kg	1.0359	4.9338
		其他材料费	%	3.0000	3.0000
机械	99230275	电动打磨机	台班	2.2955	
	99430180	空气压缩机	台班	1.8939	

工作内容：1. 清腐、打磨、消毒、涂抹防腐剂等全部操作过程。
2,3. 配置药水、喷洒、涂干等全部操作过程。
4. 安装饵站、巡视、更换饵料、换药等全部操作过程。

定额编号				31-1-3-6	31-1-3-7	31-1-3-8	31-1-3-9
项目			单位	刨面处理	特殊病虫害治理		
					银杏超小卷叶蛾	桂花溃疡病	白蚁
				m^2	株	次	个
人工	00090115	养护工	工日	5.8783			
	00090118	植保工	工日		1.9489	0.1282	0.7563
		人工小计	工日	5.8783	1.9489	0.1282	0.7563
材料	14010301	桐油	kg	1.5565			
	32490520	伤口涂补剂	L	2.1458			
	32490522	消毒剂	kg	3.2428			
	32490523	0.5%氟铃脲灭蚁剂	kg				0.6120
	32490524	饵木-松木	kg				0.0190
	32490551	药剂	kg	0.2430	0.8088	0.3076	
	32531826	白蚁饵站	个				1.0000
机械	99070490	载重汽车 2 t	台班	0.9583			
	99230275	电动打磨机	台班	1.0454			
	99310090	打药机	台班		0.8817	0.0642	

第四节 降温增湿

工作内容： 1. 摊铺、绑扎、铺遮阴网等全部操作过程。
2,3. 安装、拆除喷淋设施、喷雾等全部操作过程。

定额编号				31-1-4-1	31-1-4-2	31-1-4-3
项目			单位	遮阴	喷雾设施	
					管线在 10 内	每增加 5
				m^2	m	
人工	00090113	种植工	工日	0.0342	0.8556	0.0330
		人工小计	工日	0.0342	0.8556	0.0330
材料	03152501	镀锌铁丝	kg	0.0290		
	17251113	聚丙烯给水管(PP-R) dn25	m		10.2000	5.1000
	28030906	铜芯橡皮绝缘电线 2.5 mm^2	m		10.5000	5.2500
	32530101	遮阴布	m^2	1.0100		
	32550141	微喷头	个		1.0100	1.0100
		其他材料费	%		1.0000	1.0000
机械	99070490	载重汽车 2 t	台班	0.0047		
	99440196	高压水泵 15 kW	组班		1.1500	

第五节　保护区环境整理

工作内容： 1. 挖穴栽植、扶正回土、浇水、清理、装运等全部操作过程。
2. 挖穴栽植、扶正回土、筑水围浇水、覆土保墒、整形清理、装运等全部操作过程。
3,4. 铺设覆盖物、找平、装运等全部操作过程。

定额编号				31-1-5-1	31-1-5-2	31-1-5-3	31-1-5-4
				植物栽植		覆盖物	
项目			单位	地被植物	灌木（带土球）	陶粒	树皮
				片植	株	m^3	m^2
人工	00090113	种植工	工日	0.1159	0.0428		
	00090115	养护工	工日			0.1191	0.0148
		人工小计	工日	0.1159	0.0428	0.1191	0.0148
材料	04070111	陶粒 0.3～5	t			0.7650	
	32531611	松木片	m^3				0.0672
	34110101	水	m^3	0.0300	0.0200		
机械	99070490	载重汽车 2 t	台班	0.0188	0.0144	0.0431	0.0201

第二章　保护设施工程

说 明

一、适用范围

本章定额内容适用于古树、名木及古树后续资源控制区范围内保护设施的新建、改建、扩建工程。

二、子目说明

1. 保护设施工程指为保护古树、名木或古树后续资源本身及其周边环境而设立的设施。在古树保护区范围内的各项设施工程施工时应尽可能使用人工进行，大型工程机械不得进入古树保护区范围内。如在保护区外的施工确实需要大型机械，可另行计算。

2. 保护区范围的挖土方工程以干土为主，如遇湿土，人工乘以系数 1.13。

3. 干土与湿土的界限以地下水位标高为准，同一位置，干土和湿土的工程量应分别计算，但其总深度不变。

4. 挖地槽通常按倒梯形挖掘。

5. 原土夯实程度应参考原土壤密实度，不可过于密实，影响根系生长。

6. 回填土时应优先用保护区范围内挖掘的土方。

7. 人力车运土方范围为保护区范围内，运距通常不超过 50 m。

8. 带形基础是指墙下基础互相连接组成带形(或称条形)的基础。

9. 钢筋制作以成型钢筋手工绑扎为主。其中，螺纹钢在ϕ12 以内，箍筋在ϕ8 以内；实际施工与定额不符的，仍执行本定额。钢筋现场安装的损耗率考虑园林工程的特殊性可另行增加 2%计算。

10. 垫层以黄砂铺筑，如采用砂浆铺设，应扣除黄砂数量，增加砂浆数量，人工、机械均乘以系数 1.30。

11. 打桩(钢筋混凝土短桩和圆木桩)系指打到余出自然地坪 0.5 m 以内。定额已包括打桩损耗。

12. 钢筋混凝土短桩和圆木桩的长度均在 6 m 以内。

13. 钢筋混凝土围栏包括钢筋混凝土围栏成品以及安装；金属围栏包括金属围栏成品以及安装。

14. 金属围栏采用常规高度 1.1～1.5 m，不同高度的围栏消耗量不作调整。

15. 围栏油漆定额综合考虑了在同一平面上的分色，未包括制作美术图案。

16. 围栏油漆人工中已包括配料、调色油漆人工在内，如供应成品漆，也按本定额执行。

17. 围栏油漆工程均按手工操作、喷涂按机械考虑，如采用不同方法，均按本定额执行。

18. 砖砌明沟一般为倒梯形，上底边 80 cm，下底边 30 cm，深度 1 m。如尺寸不同，也按本定额执行。

19. 砖砌集水井井深在 3 m 以内。超过 3 m 的砖砌集水井可参照本市其他相关定额执行。

20. 地下排水管如使用其他材质的排水管可进行材料换算，但其定额消耗量不变。

21. 地下软墙由种植土、介质土、无纺布、水分控制膜、珍珠岩和渗水管组成，深度为 2 m，宽为 70 cm。实际施工与定额不符的，仍按本定额执行。

22. 钢结构支撑子目包括支撑地上部分的制作和安装，不包括支撑抱箍的制作。支撑抱箍的制作套用本章的零星铁件子目。

23. 钢结构支撑一般为二脚和三脚支撑，涉多边形支撑时消耗量乘以系数 1.25。如支撑结构特别复杂，可根据实际施工图纸另行计算。

24. 零星铁件子目指单位质量在 25 kg 以内的小型铁构件。如拉攀、抱箍等，可套用本定额子目。

25. 假山石支撑中的假山是指以湖石等自然山石作为主材料的支撑设施。

26. 假山石支撑采用不同的石料，应进行换算，但其定额消耗量不变。

27. 架空木栈道子目仅包括防腐木板面铺设，其钢结构龙骨的制作安装可套用零星铁件子目。

28. 避雷设施子目适用于古树树身上的避雷针和古树周边独立避雷杆、独立避雷塔及其引下线的安装，不包括防雷设施的基础浇筑和接地装置安装。避雷针、避雷杆和避雷塔均按成品计算。

29. 保护铭牌子目适用于古树保护铭牌的安装，古树保护铭牌的制作按成品计算。无论实际安装何种样式的铭牌，均按本定额执行。

30. 地下水位观测井依据建设单个深 1.8 m、直径 82.5 cm 的圆柱形坑编制。实际施工与定额不符的，仍按本定额执行。

31. 地下水位观测自动化装置按监测仪成品安装计算。安装检测仪所需的观测井制作按照地下水位观测井子目执行。

32. 诱虫灯、监控装置均按成品安装计算。诱虫灯为太阳能诱虫灯，其基座的安装套用本章基础工程中的相关子目。

33. 本章以成品安装计算的子目中，如成品报价中已包含设施设备的安装费用，则不应重复计算安装费用。

工程量计算规则

1. 槽底宽≤3 m 且槽底长>3 倍槽底宽为地槽，底长≤3 倍底宽且底面积≤20 m^2 为地坑。凡挖槽底宽 3 m 以上，坑底面积 20 m^2 以上，平整场地厚度超过 30 cm 以上，均按人工挖土方计算工程量。

2. 挖地槽，按设计图示地槽断面面积与地槽长度以体积计算；挖地坑，按设计图示尺寸以体积计算。

3. 土方体积应按挖掘前的天然密实体积计算。非天然密实体积应按表 2-1 所列系数折算。

表 2-1　土方体积折算表

虚方体积	天然密实体积	夯实后体积	松填体积
1.00	0.77	0.67	0.83
1.20	0.92	0.80	1.00
1.30	1.00	0.87	1.08
1.50	1.15	1.00	1.25

4. 平整场地，按设计图示范围线以面积计算。

5. 回填土，按挖土体积减去埋设的实物体积以体积计算，回填深度以原有地形标高为准。

6. 人力车运土方，按实际土方体积计算。

7. 预拌混凝土基础，按设计图示尺寸以体积计算。

① 不扣除构件内钢筋、预埋铁件、预埋螺栓以及 0.3 m^2 以内孔洞所占的体积。

② 带形基础长度，外墙基的长度按外墙中心线计算，内墙基的长度按内墙基净长计算。

8. 现场制作钢筋，按设计图示钢筋长度乘以单位理论质量计算。如有搭接，则钢筋搭接长度应按设计图示尺寸及规范要求计算。

9. 砖基础，按设计图示尺寸以体积计算。

10. 垫层，按设计图示尺寸以体积计算。

11. 打桩，按设计图示桩截面面积乘以桩长以体积计算。

12. 预制钢筋混凝土围栏，按围栏外围面积计算。金属围栏，按围栏长度计算。

13. 围栏油漆，不分多面涂刷，按围栏整体外围单面面积计算。

14. 砖砌明沟，按设计图示尺寸以长度计算。

15. 砖砌集水井，按设计图示尺寸以整体体积计算。

16. 地下排水管，按设计图示尺寸以长度计算。

17. 地下软墙，按设计图示尺寸以长度计算。

18. 钢结构支撑、零星铁件、预埋铁件、预埋螺栓等，按设计图示尺寸乘以单位理论质量计算。

19. 假山石支撑，按质量计算。

20. 驳岸、挡土墙，按设计图示尺寸以体积计算。

21. 透气铺装、架空木栈道，按设计图示尺寸以面积计算。

22. 避雷针、避雷杆以根计算。

23. 避雷塔安装以座计算，高强螺栓以套计算。

24. 古树保护铭牌，按成品采购以套计算。

25. 地下水位观测井，按标准设计图以套计算。

26. 地下水位观测自动化装置、诱虫灯、监控装置，按成品采购以套计算。

第一节　土石方工程

工作内容： 1,2. 挖土、抛土于槽边 1 m 以外或装筐、修整底边、沟槽内排水、装运等全部操作过程。
3,4. 挖土、抛土或装筐,修整底边、工作面内排水、装运等全部操作过程。

定额编号				31-2-1-1	31-2-1-2	31-2-1-3	31-2-1-4
项目			单位	挖地槽、地坑		挖土方	
				一、二类土	三类土	一、二类土	三类土
				m^3	m^3	m^3	m^3
人工	00090110	土方工	工日	0.6289	0.7334	0.3125	0.4233
		人工小计	工日	0.6289	0.7334	0.3125	0.4233
机械	99070490	载重汽车 2 t	台班	0.2500	0.2500	0.2500	0.2500
	99440196	高压水泵 15 kW	组班	0.0047	0.0047	0.0047	0.0047

工作内容： 1. 挖、填、找平等全部操作过程。
2. 碎土、平土、泼水、夯实等全部操作过程。
3. 取土、铺平、回填、夯实等全部操作过程。
4. 装、卸、运和堆放等全部操作过程。

定额编号				31-2-1-5	31-2-1-6	31-2-1-7	31-2-1-8
项目			单位	平整场地、回填土			
				平整场地	原土打夯	回填土	（保护区外）人力车运土方
				m^2	m^2	m^3	m^3
人工	00090110	土方工	工日	0.0258	0.0103	0.0710	0.1552
	00090111	其他工	工日	0.0898		0.0275	
		人工小计	工日	0.1156	0.0103	0.0985	0.1552
机械	99130340	电动夯实机 250 N·m	台班		0.0024	0.0528	

第二节　基础工程

工作内容： 1. 铺设、找平、混凝土浇捣、养护等全部操作过程。
2. 混凝土浇捣、抹平、看护、浇水养护等全部操作过程。

定额编号				31-2-2-1	31-2-2-2
项目			单位	预拌混凝土	
				独立基础	带形基础
				m^3	m^3
人工	00090121	混凝土工	工日	0.3777	0.3944
		人工小计	工日	0.3777	0.3944
材料	80210515	预拌混凝土(非泵送型) C20 粒径 5～40	m^3	1.0200	1.0200
	02330201	草袋	m^2	0.1100	0.1100
	34110101	水	m^3	0.0923	0.0824
机械	99050930	混凝土振捣器(插入式)	台班	0.0618	0.0618

工作内容：1. 钢筋制作、绑扎、下料、现场材料运输等全部操作过程。
2. 调运砂浆、运砌砖等全部操作过程。

定额编号				31-2-2-3	31-2-2-4
项目			单位	现场制作钢筋	砖基础
					灰砂砖
				t	m^3
人工	00090119	钢筋工	工日	2.3286	
	00090111	其他工	工日	0.28936	
	00090127	砌筑工	工日		1.2308
		人工小计	工日	2.6180	1.2308
材料	01010204	带肋钢筋 φ12～16	t	0.6150	
	01010409	光圆钢筋 φ6～8	t	0.4080	
	04131734	蒸压灰砂砖 240×115×53	100块		5.2700
	80060111	干混砌筑砂浆	m^3		0.2430
	34110101	水	m^3		0.1000
		其他材料费	%	1.0000	
机械	99170010	钢筋调直机	台班	0.1356	
	99170030	钢筋切断机 φ40	台班	0.1350	
	99170050	钢筋弯曲机	台班	0.6534	

工作内容：1,2,3. 铺设垫层、平整、夯实等全部操作过程。
4. 混凝土浇捣、找平、养护等全部操作过程。

定额编号				31-2-2-5	31-2-2-6	31-2-2-7	31-2-2-8
项目			单位	垫层			
				砂-松填	砂-夯实	碎石	混凝土
				m^3	m^3	m^3	m^3
人工	00090121	混凝土工	工日	0.5115	0.5115	0.5720	0.7812
		人工小计	工日	0.5115	0.5115	0.5720	0.7812
材料	04030115	黄砂(中粗)	t	1.3138	1.7080	0.4230	
	04050215	碎石 5～25	t			1.6500	
	80210515	预拌混凝土(非泵送型) C20 粒径 5～40	m^3				1.0200
机械	99050930	混凝土振捣器(插入式)	台班				0.0244
	99130340	电动夯实机 250 N·m	台班		0.0537	0.0752	

工作内容： 运桩、打桩等全部操作过程。

定额编号				31-2-2-9	31-2-2-10
项目			单位	打桩	
				钢筋混凝土短桩 6 m 及 6 m 以下	圆木桩 6 m 及 6 m 以下
				m^3	m^3
人工	00090110	土方工	工日		2.0000
	00030113	打桩工	工日	2.5700	
		人工小计	工日	2.5700	2.0000
材料	04290501	钢筋混凝土短桩	m^3	1.0100	
	05010101	原木	m^3		1.0500
	05030106	大方材＞101 cm^2	m^3	0.0040	
机械	99030030	履带式柴油打桩机 2.5 t	台班	0.2920	0.2920
	99090360	汽车式起重机 8 t	台班	0.2920	0.2920

第三节　保护围栏

工作内容：1. 放样、划线、安装、拼接、成品矫正、成品堆放等全部操作过程。
2. 放样、划线、安装、焊接、成品矫正、成品堆放等全部操作过程。

定额编号				31-2-3-1	31-2-3-2
项目			单位	预制钢筋混凝土围栏	金属围栏
				m^2	m
人工	00090121	混凝土工	工日	0.0569	
	00090155	电焊工	工日		0.3250
		人工小计	工日	0.0569	0.3250
材料	03130101	电焊条	kg		0.0200
	12210701	钢栏杆	m		1.0300
	32531827	钢筋混凝土栏杆	m^2	1.0300	
	80060111	干混砌筑砂浆 DM M5.0	m^3	0.0400	
		其他材料费	%	3.0000	3.0000
机械	99250020	交流弧焊机 32 kVA	台班		0.0040

工作内容：1. 清扫、打磨、找抹或刮腻子、刷油漆等全部操作过程。
2. 清扫、除锈、刷油漆全部操作过程。

定 额 编 号				31-2-3-3	31-2-3-4
项 目			单位	围栏油漆	
				混凝土面	金属面
				m^2	m^2
人工	00090135	油漆工	工日	0.4540	0.6941
		人工小计	工日	0.4540	0.6941
材料	13056101	红丹防锈漆	kg		0.3388
	13070711	生漆	kg	0.0660	
	13172011	石膏粉 特制	kg	0.0280	
	14010301	熟桐油	kg	0.0660	
	14050111	溶剂油 200#	kg	0.0570	0.1412
	14230601	氧化铁红	kg	0.0240	
	31170301	银珠	kg	0.0022	
		其他材料费	%	3.0000	3.0000

第四节　排水设施

工作内容： 1. 调运砂浆、运砌砖、粉刷等全部操作过程。
2. 调运砂浆、运砌砖、粉刷、盖井盖等全部操作过程。
3. 切管、组对、管道及管件安装等全部操作过程。
4. 做渗水层、包扎管壁排管、切管、组对、管道及管件安装等全部操作过程。

定额编号				31-2-4-1	31-2-4-2	31-2-4-3	31-2-4-4
项目			单位	砖砌明沟	砖砌集水井	地下排水管	
						PE 管	盲管
				m	m^3	m	m
人工	00090101	综合人工	工日			0.0629	0.0710
	00090111	其他工	工日		0.0705		
	00090127	砌筑工	工日		1.4108		
	00090129	一般抹灰工	工日	0.2501			
		人工小计	工日	0.2501	1.4813	0.0629	0.0710
材料	02310101	无纺布	m^2			0.5300	0.5750
	04030119	黄砂(中粗砂)	kg			21.0000	8.5000
	04070103	陶粒	m^3			0.2625	0.0065
	04131734	蒸压灰砂砖 240×115×53	100 块	0.2700	5.3722		
	17250722	高密度聚乙烯双壁波纹管 DN225	m			1.0600	
	17312731	软式透水管 ϕ80	m				1.1500
	18096319	PE 管接头零件	套			0.5300	
	80060111	干混砌筑砂浆 DM M5.0	m^3	0.0100			
	80060113	干混砌筑砂浆 DM M10.0	m^3		0.2314		
	34110101	水	m^3	0.0600	0.1085	0.1030	
		其他材料费	%	1.0000	3.0000	3.0000	3.0000
机械	99070490	载重汽车 2 t	台班			0.0033	0.0383

工作内容：放置水分过滤膜、铺设垫材、回土、平整等全部操作过程。

定额编号				31-2-4-5
项目			单位	地下软墙
				m
人工	00090101	综合人工	工日	0.2778
		人工小计	工日	0.2778
材料	04092105	膨胀珍珠岩	m^3	1.4140
	17312731	软式透水管 φ80	m	3.1800
	32510101	种植土	m^3	0.0707
	32510211	改良介质土	m^3	0.2121
	32531828	水分控制膜	m^2	2.2000
		其他材料费	%	2.0000

第五节　支撑和附属设施

工作内容： 1,2. 放线、卸料、检验、划线、构件拼装、加固、翻身就位、绑扎吊装、校正、焊接、上端固定、下端固定、调整抱箍、塞橡胶垫、补漆和清理等全部操作过程。
3. 安装埋设、焊接固定等全部操作过程。
4. 螺栓定位、预埋、安装、电焊固定等全部操作过程。

定额编号				31-2-5-1	31-2-5-2	31-2-5-3	31-2-5-4
项目			单位	钢结构支撑		预埋件	
				6 m 以下	6 m 以上	预埋铁件	预埋螺栓
				t	t	t	t
人工	00090111	其他工	工日	2.2862	3.0000	0.8759	0.7239
	00090119	钢筋工	工日		2.1327		
	00030143	起重工	工日		2.4179		
	00090155	电焊工	工日	11.7332	12.1935	10.0833	11.5817
		人工小计	工日	14.0194	19.7441	10.9529	12.3056
材料	33330811	预埋铁件	t			1.0000	
	01290903	钢板	m^2		2.7096		
	02070205	橡胶垫	kg	0.3516	0.4923		
	03013101	六角螺栓	kg				1010.0000
	03130101	电焊条	kg	6.0759	8.5063	23.1000	40.5636
	17030103	镀锌钢管	t	1.0905	1.0905		
		其他材料费	%	3.0000	3.0000		
机械	99090400	汽车式起重机 16 t	台班		0.2130		
	99091800	平台作业升降机	台班	0.3408	0.4260		
	99230270	打磨机	台班		0.1854		
	99250020	交流弧焊机 32 kVA	台班	3.1597	4.1236	3.3600	3.5120

工作内容： 1. 放线、卸料、检验、划线、构件拼装、加固、翻身就位、绑扎吊装、校正、焊接、固定、补漆、清理等全部操作过程。
2. 放样、运石、堆砌、塞垫嵌缝、清理等全部操作过程。

定额编号				31-2-5-5	31-2-5-6
项目			单位	零星铁件	假山石支撑
				t	t
人工	00090111	其他工	工日	5.1480	
	00090155	电焊工	工日	2.2070	
	00090141	假山工	工日		4.7334
		人工小计	工日	7.3550	4.7334
材料	01050164	钢丝绳 $\phi12$	m	3.2800	
	03013101	六角螺栓	kg	6.6300	
	03130101	电焊条	kg	3.4610	
	04110512	块石 100～400	t		0.1650
	13011411	环氧富锌底漆	kg	2.1200	
	14354301	稀释剂	kg	0.1700	
	14390101	氧气	m^3	1.1000	
	32450801	湖石	t		1.0000
	33019911	零星钢构件	t	1.0000	
	35130010	千斤顶	只	0.0200	
	80060112	干混砌筑砂浆 DM M7.5	m^3		0.0430
	80210512	预拌混凝土(非泵送型) C15 粒径 5～10	m^3		0.0660
		其他材料费	%	5.0000	3.0000
机械	99090380	汽车式起重机 8 t	台班		0.0185
	99250020	交流弧焊机 32 kVA	台班	0.3080	

第六节　驳岸和挡土墙

工作内容：1. 围坝、清淤、堆放毛石、毛石填缝等全部操作过程。
2. 围坝、清淤、混凝土浇筑、振捣、养护等全部操作过程。
3. 调运砂浆、石块运输、砌石等全部操作过程。
4. 测量放样、调运砂浆、运砌砖等全部操作过程。

定额编号				31-2-6-1	31-2-6-2	31-2-6-3	31-2-6-4
项目			单位	驳岸		挡土墙	
				毛石	预拌混凝土	毛石	砖砌
				m^3	m^3	m^3	m^3
人工	00090121	混凝土工	工日		1.2657		
	00090127	砌筑工	工日				1.1334
	00090145	石工	工日	1.8248		1.9203	
		人工小计	工日	1.8248	1.2657	1.9203	1.1334
材料	04110507	毛石	t	1.5619		1.5619	
	04131709	蒸压灰砂砖 240×115×53	100 块				5.3965
	80060112	干混砌筑砂浆 DM M7.5	m^3	0.0857		0.1891	0.2395
	80060214	干混抹灰砂浆 DP M20.0	m^3				0.0637
	80210510	预拌混凝土(非泵送型) C15 粒径 5～20	m^3		1.0100		
	34110101	水	m^3	0.5000	0.5000	0.5000	0.5000
		其他材料费	%			1.0000	
机械	99050930	混凝土振捣器(插入式)	台班		0.0621		
	99070550	载重汽车 8 t	台班	0.5309		1.0858	

工作内容：测量放样、打桩、截断、回填等全部操作过程。

定额编号				31-2-6-5
项目			单位	挡土墙
				木质
				m^3
人工	00090110	土方工	工日	2.0000
		人工小计	工日	2.0000
材料	05010101	原木	m^3	1.0500
	34110101	水	m^3	0.5000

第七节　地表铺装

工作内容： 1. 放线、铺面层、嵌缝、清扫等全部操作过程。
2. 放线、调浆、铺面层、养护、清扫等全部操作过程。
3. 铺设木板面等全部操作过程。

定额编号				31-2-7-1	31-2-7-2	31-2-7-3
项目			单位	透水透气铺装		架空木栈道
				透水砖	透水混凝土（厚 5 cm）	
				m^2	m^2	m^2
人工	00090129	一般抹灰工	工日	0.1097	0.1097	0.1097
		人工小计	工日	0.1097	0.1097	0.1097
材料	02310101	无纺布	m^2		0.2000	
	04010116	水泥 52.5 级	kg		19.2101	
	04050241	碎石(精加工玄武岩)5～10	kg		96.9833	
	05031931	防腐木	m^3			0.0286
	14412911	PG 道路封缝胶	kg		0.0977	
	14415531	混凝土表面增强剂 LDA	kg		0.1784	
	14355801	氟碳保护剂	kg		0.3000	
	36050601	透水砖	m^2	1.0200		
		其他材料费	%	1.0000	1.0000	
机械	99050930	混凝土振捣器(插入式)	台班		0.0017	
	99070940	机动翻斗车 1 t	台班		0.0040	

第八节　避雷设施

工作内容：1,2. 安装避雷针及引下线等全部操作过程。
3. 组装、吊装、找正、固定、补漆等全部操作过程。
4. 拧紧节点全部高强螺栓并做好扭剪头回收等全部操作过程。

<table>
<tr><td colspan="4">定　额　编　号</td><td>31-2-8-1</td><td>31-2-8-2</td><td>31-2-8-3</td><td>31-2-8-4</td></tr>
<tr><td colspan="3" rowspan="3">项　　目</td><td rowspan="3">单位</td><td rowspan="2">避雷针</td><td rowspan="2">避雷杆</td><td colspan="2">避雷塔—螺栓连接</td></tr>
<tr><td>避雷塔安装</td><td>高强螺栓</td></tr>
<tr><td>根</td><td>根</td><td>座</td><td>套</td></tr>
<tr><td rowspan="2">人工</td><td>00090101</td><td>综合人工</td><td>工日</td><td>0.4580</td><td>0.3220</td><td>1.3407</td><td>0.0125</td></tr>
<tr><td></td><td>人工小计</td><td>工日</td><td>0.4580</td><td>0.3220</td><td>1.3470</td><td>0.0125</td></tr>
<tr><td rowspan="7">材料</td><td>03014801</td><td>高强螺栓连母垫</td><td>套</td><td></td><td></td><td></td><td>1.0200</td></tr>
<tr><td>03130101</td><td>电焊条</td><td>kg</td><td>0.1300</td><td>0.2800</td><td></td><td></td></tr>
<tr><td>27050802</td><td>提早放电避雷针(大半径)</td><td>根</td><td>1.0000</td><td></td><td></td><td></td></tr>
<tr><td>27050803</td><td>金属避雷杆</td><td>套</td><td></td><td>1.0000</td><td></td><td></td></tr>
<tr><td>29213331</td><td>镀锌扁钢抱箍支架 40×4</td><td>副</td><td>3.0150</td><td></td><td></td><td></td></tr>
<tr><td>32531821</td><td>环形钢管杆成品避雷塔</td><td>座</td><td></td><td></td><td>1.0000</td><td></td></tr>
<tr><td></td><td>其他材料费</td><td>%</td><td>2.0000</td><td></td><td>2.0000</td><td></td></tr>
<tr><td rowspan="4">机械</td><td>99070490</td><td>载重汽车 2 t</td><td>台班</td><td></td><td></td><td>1.0063</td><td></td></tr>
<tr><td>99090440</td><td>汽车式起重机 32 t</td><td>台班</td><td></td><td></td><td>0.5031</td><td></td></tr>
<tr><td>99191510</td><td>电动扭力扳手 27×30</td><td>台班</td><td></td><td></td><td></td><td>0.0125</td></tr>
<tr><td>99250010</td><td>交流弧焊机 21 kVA</td><td>台班</td><td>0.0700</td><td>0.0900</td><td></td><td></td></tr>
</table>

工作内容：组装、吊装、找正、焊接、补漆等全部操作过程。

定额编号				31-2-8-5	31-2-8-6	31-2-8-7	31-2-8-8
项目			单位	避雷塔—焊接连接			
				针高 20 m 以内	针高 25 m 以内	针高 30 m 以内	针高 30 m 以上
				座	座	座	座
人工	00090101	综合人工	工日	4.5880	5.1780	5.7020	6.4770
		人工小计	工日	4.5880	5.1780	5.7020	6.4770
材料	03130101	电焊条	kg	1.0000	1.2500	1.5000	2.0000
	32531822	热镀锌成品避雷铁塔（高在 20 m 以内）	座	1.0000			
	32531823	热镀锌成品避雷铁塔（高在 25 m 以内）	座		1.0000		
	32531824	热镀锌成品避雷铁塔（高在 30 m 以内）	座			1.0000	
	32531825	热镀锌成品避雷铁塔（高在 30 m 以上）	座				1.0000
		其他材料	%	2.0000	2.0000	2.0000	2.0000
机械	99070520	载重汽车 4 t	台班	0.2000	0.2000	0.2000	0.2000
	99090350	汽车式起重机 5 t	台班	0.3000			
	99090360	汽车式起重机 8 t	台班		0.3000		
	99090390	汽车式起重机 12 t	台班			0.3000	
	99090410	汽车式起重机 20 t	台班				0.3000
	99250010	交流弧焊机 21 kVA	台班	0.5000	0.6000	0.7000	1.0000

第九节　保护铭牌

工作内容： 运输、安装等全部操作过程。

定　额　编　号				31-2-9-1	31-2-9-2
项　　目			单位	古树保护铭牌	
				单株	古树群
				套	套
人工	00090101	综合人工	工日	0.2750	0.3143
		人工小计	工日	0.2750	0.3143
材料	32531829	黄锈石古树保护铭牌	套	1.0000	1.0000
		其他材料费	%	1.0000	1.0000
机械	99070490	载重汽车 2 t	台班	0.1438	0.1643

第十节　监测设施

工作内容： 1. 做渗水层、管壁开洞、包无纺布、放管、回土、盖井盖等全部操作过程。
2. 安装地下水位监测仪的全部操作过程。
3,4. 安装装置的全部操作过程。

定额编号				31-2-10-1	31-2-10-2	31-2-10-3	31-2-10-4
项目			单位	地下水位观测井	地下水位观测自动化装置	诱虫灯	监控装置
				套	套	套	套
人工	00090101	综合人工	工日			0.1375	0.2063
	00090115	养护工	工日	0.2750	0.1375		
		人工小计	工日	0.2750	0.1375	0.1375	0.2063
材料	04030115	粗砂	m^3	0.4492			
	04070103	陶粒	m^3	0.1757			
	17250151	硬聚氯乙烯管 DN225	m	1.5900			
	32510108	园艺珍珠岩	m^3	0.3091			
	32531830	定制远程地下水位监测仪	套		1.0000		
	32531831	太阳能杀虫灯	台			1.0000	
	36018912	合成树脂盖座 600×600	个	1.0000			
	30031130	摄像监控套组	套				1.0000
		其他材料费	%	3.0000	2.0000	1.0000	2.0000
机械	99070490	载重汽车 2 t	台班	0.5750	0.5750	0.5750	0.5750

第三章　措施项目

说　明

一、适用范围

本章定额内容适用于古树、名木和古树后续资源的复壮技措以及保护设施工程的配套措施项目。

二、子目说明

1. 本定额的混凝土工程中构件结构相对简单，且都在浅表基础上进行，因此混凝土模板主要采用普通木质模板，不再按构件进行划分。

2. 人工短驳系指在施工过程中，由于古树所在位置特殊，运输车辆无法直接抵达施工现场指定堆放点而需要对施工材料、机具进行人工驳运的措施项目。

3. 当运输车辆的卸货点和施工现场指定堆放点的水平运输距离超过 50 m 时，可依据人工短驳子目另行增加人工消耗量。

工程量计算规则

1. 满堂脚手架，按搭设的水平投影面积计算，不扣除胸径在 1 m 以内的树木所占面积。当树木胸径超过 1 m 时，按正方形面积扣除树木所占面积。

2. 木模板，按混凝土与模板接触面的面积计算。不扣除 0.3 m^2 以内的孔洞，不扣除钢筋、铁件、螺栓等构件所占面积。

3. 人工短驳，按运载物质量计算。增加的水平运距不足 50 m 时按 50 m 计。

第一节　脚手架

工作内容：场内材料搬运、找平、搭拆脚手架、材料堆放等全部操作过程。

定额编号				31-3-1-1	31-3-1-2	31-3-1-3	31-3-1-4
项目			单位	钢管满堂脚手架		竹制满堂脚手架	
				基本层高 3.6～5.2 m	每增高 1.2 m	脚手架高 3.6 m 以内	每增高 1.2 m
				m^2	m^2	m^2	m^2
人工	00090139	架子工	工日	0.0765	0.0139	0.1000	0.0230
		人工小计	工日	0.0765	0.0139	0.1000	0.0230
材料	03152501	镀锌铁丝	kg	0.0056		0.1560	0.0680
	05030102	一般木成材	m^3			0.0010	
	05310228	毛竹 周长 12″×6 m	根			0.0130	0.0040
	05310229	毛竹 周长 14″×6 m	根			0.0270	0.0060
	05330111	竹笆 1000×2000	m^2	0.0329			
	17010102	焊接钢管	kg	0.1474	0.0329		
	35030612	钢管底座 φ48	只	0.0020			
	35031212	对接扣件 φ48	只	0.0086	0.0020		
	35031213	迴转扣件 φ48	只	0.0013	0.0003		
	35031214	直角扣件 φ48	只	0.0161	0.0030		
		其他材料费	%	3.0000	3.0000	2.0000	3.0000
机械	99070530	载重汽车 5 t	台班	0.0003	0.0001		

第二节　混凝土模板

工作内容： 木模制作、安装、拆除整理、堆放及场外运输等全部操作过程。

定额编号				31-3-2-1
项目			单位	木模板
				m^2
人工	00090117	模板工	工日	0.4400
		人工小计	工日	0.4400
材料	03150101	圆钉	kg	0.8318
	35010703	木模板成材	m^3	0.0237
		其他材料费	%	2.0000
机械	99070530	载重汽车 5 t	台班	0.0031
	99210010	木工圆锯机 ϕ500	台班	0.0438

第三节　人工短驳

工作内容：场外施工材料及机具的装、卸、运以及堆放。

定额编号				31-3-3-1	31-3-3-2
项目			单位	人工短驳	
				运距在 50 m 以内	每增加 50 m
				t	t
人工	00090111	其他工	工日	0.0765	0.0139
		人工小计	工日	0.0765	0.0139

附录　材料、成品、半成品损耗率表

序号	材 料 名 称	工 程 项 目	损耗率(%)
1	编织袋	土壤改良	2.00
2	改良介质土	土壤改良、植物栽植、地下软墙	1.50
3	草绳	土壤改良、植物栽植	1.50
4	消毒剂	树体治疗	2.00
5	伤口涂抹剂	树体治疗	2.00
6	桐油	树体治疗	4.00
7	透水砖	地表铺装	2.00
8	防腐木	地表铺装	2.00
9	铝板	树体治疗	5.00
10	不锈钢板	树体治疗	5.00
11	药剂	创面处理	2.00
12	0.5%氟铃脲灭蚁剂	特殊病虫害治理	2.00
13	饵木-松木	特殊病虫害治理	2.00
14	遮阴布	遮阴棚	1.00
15	聚丙烯给水管(PP-R) dn25	喷雾设施	2.00
16	微喷头	喷雾设施	1.00
17	铜芯橡皮绝缘电线 2.5 mm^2	喷雾设施	5.00
18	水	植物栽植	3.00
19	松木片	覆盖物	2.00
20	陶粒	覆盖物、地下水位观测井	5.00
21	黄砂(天然砂)	树洞处理、垫层、地下水位观测井、排水设施	2.00
22	碎石	树洞处理、基础垫层、驳岸和挡土墙	2.00
23	草袋	垫层	10.00
24	预拌混凝土	树洞处理、基础、驳岸和挡土墙、围栏基础、砖砌明沟、砖砌集水井	2.00
25	钢筋	基础工程	3.00
26	蒸压灰砂砖	基础工程、排水设施、驳岸和挡土墙	2.00
27	碎砖	排水设施	2.00
28	原木	打桩、驳岸和挡土墙	5.00
29	镀锌钢管	支撑和附属设施	1.00
30	钢板	支撑和附属设施	5.00
31	电焊条	保护围栏、支撑和附属设施、避雷设施	3.00
32	毛石	驳岸和挡土墙	2.00

（续表）

序号	材料名称	工程项目	损耗率(%)
33	橡胶垫	支撑和附属设施	6.00
34	钢筋混凝土围栏	保护围栏	3.00
35	钢栏杆	保护围栏	3.00
36	高密度聚乙烯双壁波纹管	排水设施	6.00
37	无纺布(m^2)	排水设施	15.00
38	PE管接头零件	排水设施	6.00
39	膨胀珍珠岩	排水设施	1.00
40	软式透水管	排水设施	6.00
41	种植土	排水设施	1.50
42	水分控制膜	排水设施	15.00
43	镀锌铁丝	脚手架、遮阴棚	2.00
44	高强螺栓连母垫	避雷设施	2.00
45	溶剂油 200#	围栏油漆	2.00
46	石膏粉 特制	围栏油漆	3.00
47	氧化铁红	围栏油漆	3.00
48	银珠(粉)	围栏油漆	3.00
49	硬聚氯乙烯管	土壤改良、监测设施	6.00
50	镀锌扁钢抱箍支架	避雷设施	0.50
51	干混砌筑砂浆	基础工程、排水设施、支撑和附属设施、驳岸和挡土墙	2.50
52	干混抹灰砂浆	驳岸和挡土墙	2.50
53	块石	支撑和附属设施	2.00